Bastian Rückel

Mehrgüterflüsse

Multicommodity Flows

Bastian Rückel

Mehrgüterflüsse

Multicommodity Flows

Diplom.de

Bibliografische Information der Deutschen Nationalbibliothek:

Bibliografische Information der Deutschen Nationalbibliothek: Die Deutsche Bibliothek verzeichnet diese Publikation in der Deutschen Nationalbibliografie; detaillierte bibliografische Daten sind im Internet über http://dnb.d-nb.de/ abrufbar.

Copyright © 2013 Diplomica Verlag GmbH
Druck und Bindung: Books on Demand GmbH, Norderstedt Germany
ISBN: 978-3-95636-720-5

http://www.diplom.de/e-book/282385/mehrgueterfluesse

Inhalt

1 Einleitung

Im ersten Abschnitt dieser Ausarbeitung möchte ich beschrieben, wie es zu dieser Arbeit kam und welche Inhalte im Folgenden erörtert werden.

1.1 Motivation

Im Wintersemester 2013/14 besuchte ich das Masterseminar „Diskrete Optimierung" an der Friedrich-Alexander-Universität Erlangen. Im Rahmen dieses Seminars beschäftigte ich mich mit dem Thema Mehrgüterflüsse und hielt hierzu auch einen Vortrag. Im Rahmen dieser Arbeit sollen nun die erarbeiteten Ergebnisse sowie die Inhalte des Vortrags nochmals detailliert dargestellt werden.

1.2 Gang der Untersuchung

Nach einigen einführenden Worten wird zunächst auf Grundlagen eingegangen, welche bei der späteren Bearbeitung der Mehrgüterflüsse benötigt werden. Anschließend sollen Max-Flow-Probleme, welche ein Spezialfall der Mehrgüterflüsse sind, dargestellt werden. Danach werden die Mehrgüterflüsse, welche im Folgenden auch als Multicommodity-Flows bezeichnet werden, und ihre Darstellung durch verschiedene Lineare Programme aufgezeigt. Diese stellen für die Spaltenerzeugung, reduzierten Kosten und die Dantzig_Wolfe Dekomposition, welche als geschickte Lösungsverfahren für das Multicommodity-Flow Problem aufgefasst werden können, eine geeignete Formulierung dar. Schließlich wird noch ein praxisnahes Beispiel aus dem Bereich ÖPNV beschrieben.

2. Grundlagen

In diesem Abschnitt sollen für die späteren Inhalte dieser Arbeit grundlegende Definitionen und Sätze formuliert werden. Zuerst sollen hierfür einige graphentheoretische Begriffe eingeführt werden.

2.1 Graphen und Netzwerke

Im Vordergrund stehen hierbei Digraphen und Netzwerke., welche zur Beschreibung der Max-Flow- und der Mehrgüterflussprobleme von Bedeutung sind.

Definition 1 (vgl. [MAR11, S.35]):

Sei V eine (nicht leere) Menge und $A = V \times V$. Dann heißt $D = (V, A)$ **gerichteter Graph (Digraph)**. Die Elemente von A heißen **Bögen**. Für einen Bogen von Knoten u nach Knoten v schreibt man (u, v). *Es gilt:* $(u, v) \neq (v, u)$.

Definition 2(vgl. [PFE06, S.1]):

Der Digraph $D=(V, A)$ mit (nicht negativen) Kapazitäten u_a für alle Bögen $a \in A$ wird häufig auch als **Netzwerk** bezeichnet. Seien s, die sog. **Quelle**, und t, die sog. **Senke**, zwei verschiedene Knoten von G. Ein **Netzwerk-Fluss** von s nach t in einem solchen Netzwerk ist eine Abbildung, die jeder Kante $a \in A$ einen Wert x_a zuweist, so dass die folgenden Bedingungen erfüllt sind:

- **Kapazitätsbeschränkung:**

$$0 \leq x_a \leq u_a$$

  Dies bedeutet, dass kein Fluss entlang einer Kante negativ ist oder eine zulässige Kapazität verletzt.

- **Flusserhaltung**:

  Für jeden Knoten $v \in V \setminus \{s, t\}$ gilt: Die Summe der x_a über alle zu v hinführenden Kanten $a \in A$ ist gleich der Summe der x_b über alle von v ausgehenden Kanten $b \in A$.

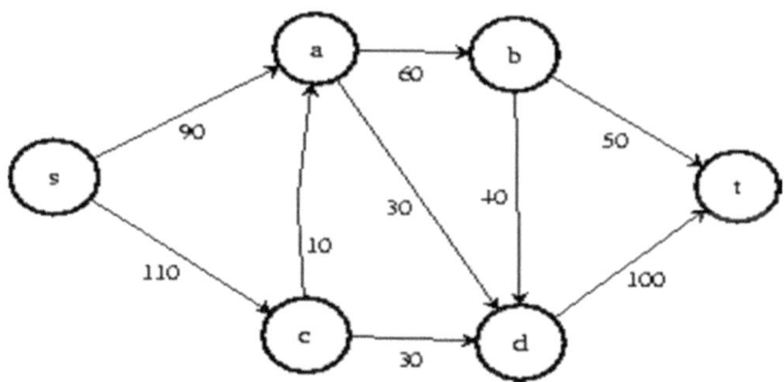

Abbildung 1: Beispiel eines Netzwerks (aus [LEDA])

Abbildung 1 zeigt ein Beispiel eines solchen Netzwerks. An den Bögen befindet sich die jeweilige Kapazitätsbeschränkung. So können beispielsweise auf dem Bogen (c, a) maximal 10 Einheiten fließen. Auf diesen Graphen wird später bei der Erörterung der Max-Flow Probleme erneut Bezug genommen.

2.2 Lineare Programme

Für die Beschreibung der Max-Flow- und der Multicommodity-Flow Probleme eignet sich eine Formulierung als lineares Programm.

Definition 3 (vgl. [PFE06, S.6]):

Ein **lineares Programm (LP)** hat die Darstellung:

$$\max c^T x$$
$$s.t. \quad Ax \leq b$$
$$x \geq 0$$

wobei $A \in \mathbb{R}^{mxn}, c \in \mathbb{R}^n$ und $b \in \mathbb{R}^m$. Ein Vektor $x \in \mathbb{R}^n$ heisst **zulässig** für das LP, wenn gilt:

$$Ax \leq b$$
$$x \geq 0$$

Im Zuge der Darstellung effizienter Lösungsansätze wird zudem das duale Programm benötigt, welches nun hier in Bezug zum LP aus Definition 3 (primales LP) formuliert wird.

Definition 4 (vgl. [PFE06, S.6f.]):

Das **duale Programm** ist gegeben durch:

$$\min b^T y$$
$$s.t. \quad A^T y \geq c$$
$$y \geq 0$$

wobei $A \in \mathbb{R}^{mxn}, c \in \mathbb{R}^n$ und $b \in \mathbb{R}^m$. Ein Vektor $y \in \mathbb{R}^m$ ist **zulässig** für das duale Programm, falls gilt:

$$A^T y \geq c$$
$$y \geq 0$$

Es existieren „Zusammenhänge" der optimalen Zielfunktionswerte zwischen linearem und dualem Programm, welche bei der Spaltenerzeugung ausgenutzt werden. Diese „Zusammenhänge" werden als **schwache Dualität** und **Dualitätstheorem** bezeichnet und in den beiden folgenden Sätzen formuliert.

*Satz 1 (**Schwache Dualität**, vgl. [PFE06, S.7]):*

Sofern das primale und das duale Programm eine zulässige Lösung besitzen, gilt:

$$\max\{c^T x : Ax \leq b, x \geq 0\} \leq \min\{b^T y : A^T y \geq c, y \geq 0\}$$

Dies bedeutet, dass der Zielfunktionswert des primalen Programms nicht größer als der des dualen Programms sein kein. Verschärft wird diese Aussage noch durch Satz 2:

*Satz 2 (**Dualitätstheorem**, vgl. [PFE06, S.7]):*

Sofern das primale oder das duale Programm eine Lösung besitzt, gilt:
$$\max\{c^T x: Ax \leq b, x \geq 0\} = \min\{b^T y: A^T y \geq c, y \geq 0\}$$

Im Optimum nehmen also primales und duales Programm den selben Zielfunktionswert an. Bewiesen werden sollen die beiden Sätze an dieser Stelle nicht, es sei aber auf [Kur09, S.93] und [MAR11, S.185ff.] verwiesen.

2.3 Polyedertheorie

Zum Verständnis der Dantzig-Wolfe Dekomposition sind auch einige Grundlagen im Bereich Polyedertheorie notwendig.

Definition 5 (vgl. [MAR13, S.28]):

Man nennt eine Menge $P \in IK^n$ ein Polyeder, falls entweder $P = IK^n$ oder P der Durchschnitt endlich vieler Halbräume ist. Ein Polyeder P heißt Polytop, wenn es beschränkt ist. Jedes Polyeder lässt sich durch
$$P = P(A, b) = \{x \in IK^n | Ax \leq b\}$$
 darstellen.

Eine andere, für die Dantzig-Wolfe Dekomposition notwendige Darstellung eines Polyeders liefert der Satz von Minkowski & Weyl, welche in Satz 3 dargestellt wird.

Satz 3 (Minkowski & Weyl, vgl. [MAR13, S.150ff.]):

Eine Teilmenge $P \in IK^n$ ist genau dann ein Polyeder, wenn P die Summe eines Polytops und eines polyedrischen Kegels ist, d.h. wenn es endliche Mengen $V, E \in IK^n$ gibt mit

$$P = conv(V) + cone(E)$$

Die Minkowski-Summe besteht also aus der endlich erzeugten konvexen Menge *conv(V)* und des endlich erzeugten konvexen Kegels *cone(E)*. *P* besteht demnach aus der Menge aller Linearkombinationen *x* vom Typ

$$x = \sum_{i=1}^{k} \mu_i v_i + \sum_{j=1}^{l} \lambda_j e_j$$

mit $\mu_i \geq 0 \ \forall i \in \{1, \dots, k\}$, $\sum_{i=1}^{k} \mu_i = 1$ und $\lambda_j \geq 0 \ \forall j \in \{1, \dots, l\}$.

Ein Beweis dieser Aussagen findet sich in [Mar13, S.150]. Die Schwierigkeit liegt nun darin, die passenden v_i (Ecken) und e_j (Extremalen) zu finden. Hilfreich sollte hierbei der folgende Satz 4 sein.

Satz 4 (vgl. [MAR13, S.153]):

Sei *P = P (A, b) = conv(V) + cone(E)* ein nichtleeres Polyeder. Dann gilt

$$rec(P) = P(A, 0) = cone(E)$$

Auf einen Beweis wird auch hier verzichtet, es sei auf [Mar 13, S.153] verwiesen.

Im nächsten Kapitel dieser Arbeit soll ein Spezialfall der Mehrgüterflussprobleme, die Max-Flow-Probleme, dargestellt werden. Diese sollen insbesondere im Bereich der LP-Formulierung als einfache Einführung für die Multicommodity-Flow-Probleme dienen.

3. Max-Flow-Probleme

Ausgangspunkt für die nachfolgenden Ausführungen bildet Definition 2. Bei Max-Flow-Problemen soll nicht nur ein zulässiger Fluss berechnet werden, sondern vielmehr ein maximaler Fluss.

Definition 6 (vgl. [BEU07, S.174]):

Ein **maximaler Fluss** x in einem Netzwerk ist ein zulässiger Fluss mit maximalem Wert unter allen zulässigen Flüssen im gegebenen Netzwerk.

Im Nachfolgenden sollen zwei verschiedene lineare Programme, die Kanten- und die Pfadformulierung, zur Beschreibung von Max-Flow-Problemen aufgestellt werden.

3.1 Kantenbasiertes Modell (vgl. [PFE06, S.2])

Definition 6 führt unmittelbar zu Formulierung der Zielfunktion des kantenbasierten Modells (KBLP):

Es soll der größtmögliche, zulässige Fluss x von der Quelle s zur Senke t bestimmt werden. Dazu wird der Flusswert, welcher die Quelle verlässt abzüglich des Flusswertes, der zur Quelle zurück führt, maximiert:

$$\max \sum_{a \in \delta^+(s)} x_a - \sum_{a \in \delta^-(s)} x_a$$

Die notwendigen Nebenbedingungen, Kapazitätsbeschränkung und Flusserhaltung, welche in Definition 2 erläutert wurden, sorgen dafür, dass ein Fluss zulässig ist.

- Flusserhaltung:

$$\sum_{a \in \delta^+(v)} x_a - \sum_{a \in \delta^-(v)} x_a = 0 \quad \forall v \in V \setminus \{s, t\}$$

- Kapazitätsbeschränkung:

$$0 \leq x_a \leq u_a \quad \forall a \in A$$

Satz 5 (vgl. [PFE06, S.2]):

(KBLP) kann in polynomialer Laufzeit gelöst werden.

Beweis: (KBLP) ist ein lineares Programm. Mit Hilfe der Ellipsoidmethode können lineare Programme in polynomialer Laufzeit gelöst werden. ∎

Verlangt man nun allerdings zusätzlich, dass alle Flusswerte ganzzahlig sind, dass also $x_a \in \mathbb{Z}^+ \; \forall a \in A$ gilt, kann man zunächst nicht mehr davon ausgehen, dass das nun ganzzahlige Programm in polynomialer Laufzeit lösbar ist. Um zu zeigen, dass dies für ganzzahlige rechte Seiten $b \in \mathbb{Z}^m$ aber doch gilt, bedarf es an dieser Stelle der Einführung des Begriffs (total) unimodular und des Satzes von Hoffmann & Kruskal sowie des Satzes von Ford & Fulkerson (1968).

Definition 7 (vgl. [MAR13, S.241]):

Sei A eine $m \times n$ - Matrix mit vollem Zeilenrang. A heißt **unimodular**, falls alle Einträge von A ganzzahlig sind und jede invertierbare $m \times m$-Untermatrix B von A Determinante ±1 hat.
Eine Matrix A heißt **total unimodular**, falls jede quadratische Untermatrix B Determinante ±1 oder 0 hat.

Die zweite Aussage dieser Definition impliziert, dass in einer total unimodularen Matrix A als Einträge nur ±1 und 0 auftreten können.
Die erfreuliche Eigenschaft, dass total unimodulare Matrizen für ganzzahlige rechte Seiten eine ganzzahlige Lösung garantieren wird im Satz von Hoffmann und Kruskal formuliert:

Satz 6 (vgl. [MAR13, S.243]):

Sei A eine ganzzahlige Matrix. Dann ist A genau dann total unimodular, wenn das Polyeder $\{x \in \mathbb{R}^n \mid Ax \leq b, x \geq 0\}$ für alle ganzzahligen Vektoren $b \in \mathbb{Z}^m$ ganzzahlig ist.

Auch an dieser Stelle soll auf den Beweis verzichtet werden, es sei aber auf [MAR13, S.243] verwiesen.

Die polynomiale Laufzeit für das ganzzahlige Programm wird durch den Satz von Ford und Fulkerson aufgezeigt:

Satz 7 (vgl. [PFE06, S.2]):

Für ganzzahlige Kapazitäten $u_a \in \mathbb{Z}^+ \; \forall a \in A$ existiert eine ganzzahlige Lösung $x_a \in \mathbb{Z}^+ \; \forall a \in A$ für das Max-Flow Problem.

Beweis: Wenn man zeigen kann, Dass die Nebenbedingungsmatrix A für alles Max-Flow-Probleme total unimodular ist, folgt die Behauptung für ganzzahlige Kapazitäten direkt aus dem Satz von Hoffmann und Kruskal.

Sei hierzu A die Knoten-Kanten-Inzidenzmatrix des gerichteten Graphen G, d. h.
$A = (a_{ij})$ mit $i \in V, j \in A$, wobei

$$a_{ij} = \begin{cases} 1 & falls\ j \in \delta^+(i) \\ -1 & falls\ j \in \delta^-(i) \\ 0 & sonst \end{cases}$$

Die Behauptung , dass A total unimodular ist, wird per Induktion über die Größe k der Untermatrix B von A bewiesen.

Induktionsanfang: $k = 1$: Dann gilt nach Definition der a_{ij} für jede quadratische Untermatrix B der Größe 1, dass $\det B \in \{\pm 1, 0\}$.

Induktionsschritt: Die Behauptung gelte für alle quadratischen Untermatrizen der Größe k. Sei also B eine quadratische Untermatrix der Größe $k + 1$. Hat B eine Nullspalte, dann ist $\det B = 0$. Hat B eine Spalte mit genau einem von Null verschiedenem Eintrag, so entwickele $\det B$ nach dieser Spalte. Daraus folgt aus der Induktionsvoraussetzung, dass $\det B \in \{\pm 1, 0\}$.

In allen anderen Fällen haben alle Spalten von B genau eine 1 und genau eine -1 als Eintrag, denn alle Spalten von A haben genau eine 1 und eine -1 als Eintrag (Jeder Bogen hat genau einen Anfangs- und einen Endknoten). Daraus folgt, dass die Summe aller Zeilenvektoren von B der Nullvektor ist. Deshalb sind die Zeilen linear abhängig, weswegen $\det B = 0$ gilt (vgl. [PFE06, S.3] & [ÜBD13, Blatt 4 S.9]).

∎

3.2 Pfadformulierung (vgl. [PFE06, S.3f.])

Neben der geläufigen kantenbasierten Formulierung des Max-Flow Problems soll eine weitere Formulierung, die **Pfadformulierung**, präsentiert werden. Hierzu soll zunächst definiert werden, was man unter einem (s-t)-Pfad versteht.

Definition 8:

Ein **(s-t)-Pfad** oder auch **(s-t)-Weg** im Digraphen D ist eine Abfolge von Bögen $a_1, \dots, a_k$, welche in der Quelle s startet und in der Senke t endet. Bei einem (s-t)-Weg wird kein Konten mehrfach besucht.

Zur Verdeutlichung von Definition 8 sollen anhand von Abbildung 1 einige Beispiele für (s-t)-Pfade angegeben werden. Insbesondere stellen die nachfolgenden (s-t)-Pfade alle mögliche (s-t)-Pfade für das Netzwerk in Abbildung 1 dar.

$$s \to a \to b \to t$$

$$s \to a \to d \to t$$

$$s \to a \to b \to d \to t$$

$$s \to c \to d \to t$$

$$s \to c \to a \to b \to t$$

$$s \to c \to a \to d \to t$$

$$s \to c \to a \to b \to d \to t$$

Die Menge aller gerichteten (s-t)-Pfade nennt man P_{st}. Dies bedeutet, dass die soeben dargestellten (s-t)-Pfade die Menge P_{st} für das Netzwerk aus Abbildung 1 bildet.

Desweitern definiert man P_a als die Menge aller (s-t)-Wege, die Bogen a nutzen:

$$P_a := \{p \in P_{st} \mid a \in p\}$$

Im obigen Beispiel wäre die Menge aller (s-t)-Pfade die z.B. Kante $a \to b$ nutzt gegeben durch:

$$P_{a \to b} =$$

$$\{s \to a \to b \to t, s \to a \to b \to d \to t, s \to c \to a \to b \to t, s \to c \to a \to b \to d \to t\}$$

Sei die Variable $f_p \geq 0$ der Fluss über den (s-t)-Weg $p \in P_{st}$. Maximiert werden soll der gesamte Flusswert, also der Flusswert über alle möglichen (s-t)-Pfade, was unmittelbar zur Zielfunktion der Pfadformulierung führt:

$$\max \sum_{p \in P_{st}} f_p$$

Zulässig ist ein Fluss erneut, wenn die Kapazitätsbeschränkung für jede Kante $a \in A$ eingehalten wird. Dies bedeutet in diesem Fall, dass die Summe der Flusswerte über alle Pfade, die Kante a benutzen, nicht größer sein darf, als die zulässige Kapazität u_a :

$$\sum_{p \in P_a} f_p \leq u_a$$

Zusätzlich muss noch die Nebenbedingung

$$f_p \geq 0 \quad \forall p \in P_{st}$$

erfüllt werden, da selbstverständlich kein Flusswert negativ sein kann.

<u>*Bemerkung 1:*</u>

Ein zugehöriger Kantenfluss x_a für die Kante $a \in A$ kann nun leicht berechnet werden, indem man die Flusswerte über alle Pfade, die Kante a benutzen, addiert:

$$x_a = \sum_{p \in P_a} f_p$$

Der Vorteil der Pfadformulierung gegenüber der kantenbasierten Formulierung ist die einfachere Struktur. Der Nachteil liegt in der exponentiellen Anzahl der Variablen, welche durch die exponentielle Anzahl an $(s-t)-$Wegen bedingt wird. Hierzu betrachte man auch Abbildung 2 und die dazugehörigen Ausführungen zur Variablenzahl bei der Pfadformulierung der Mehrgüterflüsse.

Im nächsten Abschnitt sollen Max-Flow-Probleme erweitert werden, indem man Netzwerke betrachte, die nicht mehr nur eine Quelle und eine Senke haben, sondern eine Vielzahl von Quellen und Senken. In diesem Fall spricht man von Mehrgüterflussproblemen (Multicommodity-Flow Probleme).

4. Das Multicommodity-Flow Problem (MCF)

Der Unterschied des Mehrgüterflussproblems zum Max-Flow Problem liegt in der Anzahl der Quellen und Senken sowie der über das Netzwerk transportierten Güter. Während beim Max-Flow Problem insgesamt ein Gut von der einen Quelle zu der einen Senke transportiert wird, sind es beim Multicommodity-Flow Problem k Güter, welche von den k Quellen zu den k Senken geschickt werden. Dies führt zur folgenden Definition des (MCF):

Definition 9 (vgl. [PFE06, S.4]):

Das (MCF) ist definiert durch:

- Einen Digraphen $D = (V, A)$

- Kapazitäten $u_a \geq 0$ für alle Bögen $a \in A$

- k verschiedene Güter: $(1, \dots, k)$

- Quellen $s_1, \dots, s_k$ und Senken $t_1, \dots, t_k$, welche geordnete Paare $(s_1, t_1), \dots, (s_k, t_k) \in V \times V$ bilden

Das Ziel des (MCF)-Problems ist es, für jedes Gut $i \in \{1, \dots, k\}$ einen zulässigen Fluss $x^i \in \mathbb{R}^+$ zu finden, der bei der Quelle s_i startet und zur Senke t_i führt. Dabei verwenden alle Güter das selbe Netzwerk.

Im Folgenden sollen auch hier zwei verschiedene Formulierungen des (MCF)-Problems, ähnlich derer beim Max-Flow-Problem, angegeben werden.

4.1 Kantenbasiertes Modell (vgl. [PFE06, S.4ff]. & [AHU93, S.649f.])

Beim (MCF)-Problem soll die Summe der Flusswerte der Güter maximiert werden. Dies führt zur Zielfunktion

$$\max \sum_{i=1}^{k} \left(\sum_{a \in \delta^+(s_i)} x_a^i - \sum_{a \in \delta^-(s_i)} x_a^i \right)$$

wobei

$$\sum_{a \in \delta^+(s_i)} x_a^i - \sum_{a \in \delta^-(s_i)} x_a^i$$

den Flusswert von Gut i angibt.

Zulässig ist ein Fluss, ebenso wie beim Max-Flow-Problem, wenn die Flusserhaltungsbedingung, hier für alle Güter, und die Kapazitätsbeschränkung eingehalten wird. Bei der Kapazitätsbeschränkung ist zu beachten, dass die Summe der Flusswerte aller Güter, die eine Kante benutzen, die Kapazität dieser Kante nicht überschreiten darf.

- Flusserhaltungsbedingungen:

$$\sum_{a \in \delta^+(v)} x_a^i - \sum_{a \in \delta^-(v)} x_a^i = 0 \quad \forall\, v \in V \setminus \{s_i, t_i\}, i \in \{1, \dots, k\}$$

- Kapazitätsbeschränkung

$$\sum_{i=1}^{k} x_a^i \leq u_a \quad \forall a \in A$$

Zusätzlich ist noch zu beachten, dass die Flusswerte nicht negativ sein dürfen:

$$x_a^i \geq 0 \quad \forall a \in A, i \in \{1, \dots, k\}$$

Das MCF-Problem kann demnach durch ein LP dargestellt werden und ist somit in polynomialer Laufzeit lösbar. Verlangt man allerdings zusätzlich, dass x_a^i für alle Güter und Kanten ganzzahlig ist, wird das (MCF)-Problem (außer im Spezialfall Max-Flow) **NP-**

schwer. Es kann darüber hinaus nicht einmal garantiert werden, dass es eine zulässige ganzzahlige Lösung gibt.

Im Folgenden soll nun, ähnlich wie bei den Max-Flow Problemen, eine Pfadformulierung des MCF Problems erläutert werden.

4.2 Pfadformulierung (vgl. [PFE06, S.5] & [PFE12, S.5f.])

Sei hierzu P_{s_i, t_i} die Menge aller einfachen, gerichteten $(s_i - t_i)$-Wege in D. Des Weiteren definiert man P

$$P = P_{s_1, t_1} \cup \dots \cup P_{s_k, t_k}$$

als die Vereinigung aller P_{s_i, t_i}. P_a sei erneut die Menge aller Wege, die Bogen $a \in A$ verwenden, also :

$$P_a := \{p \in P \mid a \in p\}$$

Die Variable f_p beschreibe den Flusswert über den Weg $p \in P$. Die Anzahl der Variablen entspricht also der Anzahl der Wege im Netzwerk. Es ergibt sich, ähnlich zum Max-Flow-Problem, die Pfadformulierung (PMCF) des (MCF)-Problems:

Maximiert werden soll die Summe der Flusswerte über alle Wege $p \in P$:

$$\max \sum_{p \in P} f_p$$

Hierbei muss jede Kapazitätsrestriktion an den Kanten erfüllt werden:

$$\sum_{p \in P_a} f_p \leq u_a \quad \forall a \in A$$

Ausserdem dürfen die Flusswerte nicht negativ sein:

$$f_p \geq 0 \quad \forall p \in P$$

Natürlich stellt auch hier wieder die Ganzzahligkeit der Variablen f_p eine Variante des Problems dar.

Bemerkung 3: Die Flusserhaltung ist bei der Pfadformulierung automatisch gegeben.

Bemerkung 4: Die Lösung des kantenbasierten Modells und der Pfadformulierung sind gleich.

4.3 Vergleich der Modelle (vgl. [PFE06, S.6] & [PFE12, S.6f.])

Das Kantenmodell hat $k \cdot |V| + |A|$ Nebenbedingungen. Dies wird für große k sehr groß. Die Anzahl der Variablen ist mit $k \cdot |A|$ noch größer.

Die Pfadformulierung hat $|A|$ Nebenbedingungen. Dafür kann allerdings die Anzahl der Variablen $|P|$ im worst-case exponentiell groß sein. Dies soll durch Abbildung 2 veranschaulicht werden. Der dargestellte Graph hat $2k + 2$ Knoten. Es gibt allerdings 2^k einfache Wege. Demnach ist die Anzahl der Variablen bei der Pfadformulierung in diesem Beispiel exponentiell groß.

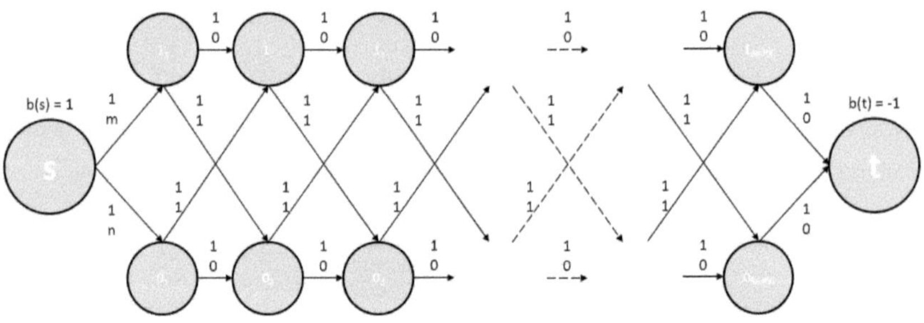

Abbildung 2: Beispiel eines Netzwerks mit exponentiell vielen Variablen (aus [RÜC13, S.28])

In der Praxis zeigt sich, dass bei wenigen benötigten Pfaden eine Pfadformulierung sinnvoll ist.

Im folgenden Abschnitt sollen effiziente Lösungsansätze für das (MCF)-Problem dargestellt werden. Die beiden in diesem Kapitel dargestellten Formulierungen bilden dafür die Grundlage.

<u>**5. Effiziente Lösungsansätze**</u>

In diesem Kapitel sollen drei zunächst unterschiedlich wirkende, effiziente Verfahren zur Lösung des (MCF)-Problems dargestellt werden. Zunächst wird die Spaltenerzeugung beschrieben, anschließend folgen die reduzierten Kosten und abschließend soll auf die Dantzig-Wolfe Dekomposition eingegangen werden. Man stellt dabei fest, dass diese Verfahren doch näher miteinander verbunden sind, als zunächst gedacht.

<u>**5.1 Spaltenerzeugung (Column Generation, vgl. [PFE06, S.7ff.] & [PFE12, S.7ff.]))**</u>

Die Spaltengenerierung ist ein effizientes Verfahren um LP's mit einer großen Anzahl von Variablen zu lösen. Beim (PMCF)- Problem sind die Variablen durch die Pfade P gegeben. Bei diesem Ansatz wird eine Teilmenge P' der Pfade P gewählt:

$$P' \subseteq P$$

Man betrachtet nun das sogenannte **Master LP (MCF(P'))**, welches alle Nebenbedingungen von (PMCF), aber nur die Teilmenge P' der Variablen P enthält:

$$\max \sum_{p \in P} f_p$$

$$s.t. \sum_{p \in P'_a} f_p \leq u_a \quad \forall a \in A$$

$$f_p \geq 0 \quad \forall p \in P$$

Bezeichne zusätzlich $v(MCF(P'))$ den optimalen Zielfunktionswert des Master LP. Das folgende Lemma stellt eine Beziehung zwischen Lösungen von (PMCF) und (MCF(P')) dar.

Lemma 1:

Jede zulässige Lösung f_p des Master LP (MCF(P')) ist auch zulässig für (PMCF).

Beweis: Setze $f_p = 0$ für $p \in P \setminus P'$ ∎

Folgerung 1:

Bezeichne mit *v(PMCF)* den optimalen Zielfunktionswert von (PMCF). Dann gilt:

$$v(MCF(P')) \leq v(PMCF)$$

Folgerung 1 ist eine unmittelbare Konsequenz aus Lemma 1, denn jede zulässige Lösung des Master LPs (MCF(P')) ist auch zulässig für (PMCF). Des Weiteren haben die beiden den selben Zielfunktionswert. Dies erkennt man leicht anhand des Beweises von Lemma 1. Darüber hinaus existieren weitere, zulässige Lösungen für (PMCF), welche im Master LP nicht betrachtet werden. Dies führt zu einer Vergrößerung des Lösungsraums und kann somit zu einem größeren optimalen Wert von (PMCF) führen. Die Aufgabe besteht nun darin, die Teilmenge *P** von *P* zu finden, für die gilt:

$$v(MCF(P^*)) = v(PMCF)$$

Lemma 2:

Es gibt eine optimale Lösung von (PMCF) mit maximal $|A|$ Nicht-Null-Variablen.

Beweis: Im Simplex-Algorithmus wird für (MCF) eine optimale Basis $\boldsymbol{B}$ berechnet. Diese hat Kardinalität $|A|$. Deshalb sind höchstens $|A|$ Variablen von 0 verschieden. ∎

Dieses Lemma führt direkt zu

Folgerung 2:

Hat man in MCF(P') die richtigen $|A|$ Wege gewählt, so ist *v(MCF(P')) = v(PMCF)* und damit optimal.

Es gibt demnach also ein Master LP, welches (PMCF) optimal löst. Dabei stellt sich nur die Frage, wie man die richtigen Wege und somit die richtigen Variablen findet. Hierzu wird das duale Problem (DMCF(P')) zu (MCF(P')) formuliert:

$$\min \sum_{a \in A} u_a \mu_a$$

$$s.t. \quad \sum_{a \in p} \mu_a \geq 1 \quad \forall p \in P^{/}$$

$$\mu_a \geq 0 \quad \forall a \in A$$

Das duale Programm (DMCF(P')) hat $|A|$ Variablen und $|P'|$ Ungleichungen.

$f_p = 0$ ist eine zulässige Lösung für (PMCF) und (MCF(P')), die daher beide beschränkt sind. Deshalb sind nach dem in Satz 2 formulierten Dualitätstheorem auch deren duale Programme $v(DPMCF)$ und $v(DMCF(P'))$ beschränkt. Des Weiteren liefert das Dualitätstheorem zusammen mit Folgerung 1:

$$v(DMCF(P')) = v(MCF(P')) \leq v(PMCF) = v(DPMCF)$$

Sei nun $\mu \in \mathbb{R}^{|A|}$ eine zulässige Lösung für (DMCF(P')). In welchen Fällen μ auch für (DPMCF) zulässig ist, wird im folgenden Lemma erörtert.

Lemma 3:

Gilt

$$\sum_{a \in p} \mu_a \geq 1 \quad \forall p \in P$$

und nicht nur für $p \in P^{/}$, dann ist μ auch für (DPMCF) zulässig.

Beweis: Die Aussage folgt direkt aus dem Vergleich der linearen Programme (DMCF(P')) und (DPMCF). $\blacksquare$

In diesem Fall gilt:

$$v(DPMCF) = v(DMCF(P'))$$

und somit auch:

$$v(PMCF) = v(MCF(P'))$$

weswegen die Lösung $f_p^/$ von (MCF(P')) auch optimal für (PMCF) ist. Anderenfalls gibt es einen verletzten Pfad $p \in P \setminus P^/$ mit

$$\sum_{a \in p} \mu_a < 1$$

Dieser Pfad p wird zu P' hinzugefügt. Anschließend wird das Problem (MCF(P')) erneut betrachtet. Dies wiederholt man iterativ, bis μ für (DPMCF) zulässig ist.

Um zu entscheiden, welche Variablen zum **Master LP** hinzugefügt werden, wird das sogenannte **Pricing Problem** gelöst. Es muss entschieden werden, ob es ein $p \in P \setminus P^/$ mit $\sum_{a \in p} \mu_a < 1$ gibt. Dazu wird für jedes Gut i mit Hilfe des Dijkstra-Algorithmus ein kürzester Weg von der Quelle s_i zur Senke t_i mit Kantengewichten μ_a bestimmt. Sind alle kürzesten Wege mindestens 1, so ist die Bedingung aus Lemma 3 erfüllt und man hat die optimale Lösung gefunden. Anderenfalls hat man einen Pfad gefunden, der die Bedingung verletzt. Diese Variable wird dem **Master LP** hinzugefügt.

Die bisherigen Ergebnisse sollen nun in *Algorithmus 1* zusammengefasst werden:

1. <u>Repeat</u>

2. Löse (MCF(P')) für $P \subseteq P^/$

3. Seien μ die Dualvariablen aus (DMCF(P'))

4. <u>For</u> $i = 1$ to k <u>Do</u>

5. Berechne mit dem Dijkstra-Algorithmus einen kürzesten $(s_i - t_i) -$Pfad p in D

   bzgl. den Gewichten μ_a

6. <u>IF</u> $\mu(p) < 1$ <u>Then</u>

7. füge p zu P' hinzu

8. <u>END For</u>

9. <u>Until</u> kein Weg mehr hinzugefügt wird

Satz 8:

Kann man das **Pricing Problem** eines LPs (feste Anzahl an Nebenbedingungen, beliebig viele Variablen) in polynomialer Zeit lösen, kann auch das LP in polynomialer Zeit gelöst werden.

Beweisskizze: Spaltenerzeugung ist dual zum Separieren von Schnittebenen. Optimieren und Separieren sind polynomial äquivalent. Man kann also in polynomialer Zeit optimieren, wenn das Pricing Problem in polynomialer Zeit gelöst werden kann. ∎

Folgerung 3:

Die Pfadformulierung für (MCF) kann in polynomialer Zeit gelöst werden. Ist das **Pricing Problem** allerdings NP-schwer, so wird auch das Originalproblem NP-schwer.

Im Folgenden sollen noch zwei alternative Sichtweisen zur Spaltenerzeugung, die reduzierten Kosten und die Dantzig-Wolfe Dekomposition, dargestellt werden.

5.2 Reduzierte Kosten (vgl. [PFE06, S.10f.] & [PFE12, S.9])

Bei den reduzierten Kosten startet mit mit dem kantenbasierten Modell des (MCF)-Problems, wie es in Abschnitt 4.1 dargestellt wurde.

Dieses LP hat die Struktur:

$$\max \; 1^T y$$

$$s.t. \quad My \le 0$$

$$y \ge 0$$

Durch das Einfügen von Schlupfvariablen erhält man:

$$\max 1^T y$$

$$s.t. \quad My + s = 0$$

$$y, s \ge 0$$

Definiert man nun $c = (1,0)$ und $z = (y, s)$ so ergibt sich eine Umformulierung zu:

$$\max c^T z$$

$$s.t. \quad Az = 0$$

$$z \geq 0$$

An dieser Stelle sollte man den Simplex-Algorithmus betrachten. Hierbei interessiert man sich vor allem für die reduzierten Kosten.

<u>*Algorithmus 2 (Simplex-Algorithmus, vgl. [MAR11, S. 158]):*</u>

1. BTRAN: $y^T A_B = c_B^T$

2. **PRICING: $z_N = c_N - A_N^T y$**

3. FTRAN: $A_B w = A_{.j}$

4. RATIO-TEST: $\gamma = \min\{\frac{x_{B_k}}{w_k} : w_k > 0, k \in \{1, \dots, m\}\}$

5. Update

Die reduzierten Kosten sind durch

$$z_j := c_j - c_B^T A_B^{-1} A_j$$

für alle $j \in \{1, \dots, n + m\} \setminus B$ gegeben. Der Vektor $c_B^T A_B^{-1}$ ist die zur Basis B gehörende duale Lösung und wird im Folgenden mit μ^T bezeichnet. Im Simplex-Algorithmus wird bei der Pivotspaltenwahl (PRICING) eine Nichtbasisvariable $j \in N$ mit $z_j > 0$ gewählt. Für das (MCF)-Problem bedeutet das:

$$0 < z_j = c_j - \mu^T A_j$$

Für $j \in \{1, \dots, n\}$ ist A_j der Inzidenzvektor eines Pfades im Netzwerk und $c_j = 1$. Daraus ergibt sich:

$$0 < z_j = 1 - \mu^T A_j$$

$$\Leftrightarrow \quad 0 < z_j = 1 - \sum_{a \in p} \mu_a$$

$$\Leftrightarrow \quad \sum_{a \in p} \mu_a < 1$$

Dies ist genau die Bedingung der Spaltengenerierung, welche ein Pfad, der zur Aufnahme ins Master LP in Frage kommt, erfüllen muss.

Für $j \in \{n+1, \ldots, n+m\}$ ergibt sich

$$0 < z_j = 0 - \mu^T e_{j-n} = \mu_{j-n}$$

Da per Definition $\mu > 0$ gelten muss, ist diese Bedingung nie erfüllt. Die Spaltenerzeugung kann demnach als Spezialfall des Simplex-Algorithmus aufgefasst werden. Der Pivotschritt entspricht dabei dem Pricing Problem der Spaltenerzeugung.

5.3 Dantzig-Wolfe Dekomposition (vgl. [PFE06, S.11ff.] & [PFE12, S.9ff.] & [AHU93, S.671ff.])

Den Ausgangspunkt bildet in diesem Fall die Kantenformulierung des Mehrgüterflussproblems (KMCF):

$$\max c^T x$$

$$s.t. \ \ Nx = 0$$

$$Ux \leq u$$

$$x \geq 0$$

Nun wird der Teil der Nebenbedingungen, der die Flusserhaltung und die Nichtnegativität des Flusses beschreibt, separat betrachtet. Das zugehörige Polyeder ergibt sich als

$$P := \{x \geq 0 \mid Nx = 0\}$$

und mit Satz 3 (Minkowski-Weyl) und Satz 4:

$$P := cone\{r^1, \dots, r^s\} = \{a_1 r^1 + \dots + a_s r^s \,|\, a_1, \dots, a_s \geq 0\}$$

Es gilt $r^i \geq 0$ und $N r^i = 0$ für alle $i = 1, \dots, s$. Setzt man nun $x = a_1 r^1 + \dots + a_s r^s$ in (KMCF) ein, so ergibt sich:

$$\max \sum_{i=1}^{s} a_i c^T r^i$$

$$s.t. \quad \sum_{i=1}^{s} a_i N r^i = 0 \quad (2)$$

$$\sum_{i=1}^{s} a_i U r^i \leq u$$

$$\sum_{i=1}^{s} a_i r^i \geq 0 \quad (4)$$

$$a_1, \dots, a_s \geq 0$$

Dabei sind (2) und (4) nach Konstruktion automatisch erfüllt, so dass man diese aus dem LP entfernen kann:

$$\max \sum_{i=1}^{s} a_i c^T r^i$$

$$\sum_{i=1}^{s} a_i U r^i \leq u$$

$$a_1, \dots, a_s \geq 0$$

Ein Extremalstrahl r^i ist ein nichtnegatives Vielfaches des Inzidenzvektors eines $(s_j - t_j) - $ Weges p^i im Digraphen (Gut j). Alle Nicht-Null-Komponenten von r^i haben zudem wegen der Flusserhaltungsbedingung den selben Wert w_i. Die Substitution $y_i = a_i w_i$ beschreibt den Fluss auf dem zu Strahl r^i zugehörigen Weg p_i und liefert ($c = 1$):

$$\max \sum_{i=1}^{s} y_i$$

$$s.t. \quad \sum_{i:a \in p_i} y_i \leq u_a \quad \forall a \in A$$

$$y_1, \dots, y_s \geq 0$$

$y_i = y_p$ und $p = p^i$ liefert nun wieder (PMCF), d.h. die Spaltengenerierung (Prining Problem) entspricht der Erzeugung von Extremalstrahlen von P.

Im letzten Kapitel soll abschließend anhand eines Anwendungsbeispiels der praktische Einsatz der Mehrgüterflüsse dargestellt werden.

6. Anwendungsbeispiel (vgl. [GRÖ08, S.133f.])

Als Anwendungsbeispiel soll ein Verkehrsoptimierungsproblem erläutert werden. Konkret soll das Busumlaufplanungsproblem betrachtet werden. Für die Fahrzeuge werden Abflogen von Fahrten und Leerfahrten (Umläufe) konstruiert, so dass jeder Fahrt mit Fahrgast ein geeignetes Fahrzeug zugeordnet wird. Der Planungshorizont soll einen Tag betragen. Ein Fahrzeug verlässt morgens seinen Betriebshof und kehrt abends hierhin zurück. Das Ziel ist, alle Fahrten mit Gästen durchführen zu können und die Gesamtkosten zu minimieren. Kosten entstehen durch Leerfahrten und Wartezeiten.

Graphentheoretische Modellierung:

- Es wird ein Planungsgraph konstruiert, in dem die Fahrgastfahrten durch alle möglichen Leerfahrten verbunden werden

- Die verschiedenen Typen von Fahrzeugen „fließen" durch diesen Graphen, so dass jede Fahrgastfahrt von einem Umlauf mit passendem Typ überdeckt wird

- Sei D die Menge der Fahrzeugtypen

- T die Menge der Fahrgastfahrten

- A^d eine Menge von Bögen für die möglichen Leerfahrten für jeden Fahrzeugtyp d

- k^d die Anzahl der verfügbaren Fahrzeuge vom Typ d

- binäre Variable für jeden Bogen (i,j) und jeden Fahrzeugtyp d:

$$x_{ij}^d = \begin{cases} 1 & \text{falls Leerfahrt (i,j) von Fahrzeug mit Typ d erledigt wird} \\ 0 & \text{sonst} \end{cases}$$

Durch das folgende LP kann das soeben beschriebene Problem mit Hilfe von Mehrgüterflüssen dargestellt werden:

$$\min \sum_d \sum_{(i,j)} c_{ij}^d x_{ij}^d$$

Diese Zielfunktion soll die Kosten minimieren, denn jede Leerfahrt mit einem Fahrzeug vom Typ d verursacht Kosten c_{ij}^d. Des Weiteren muss jede Fahrgastfahrt durchgeführt werden:

$$\sum_d \sum_{(t,j)} x_{tj}^d = 1 \quad \forall t \in T$$

Auf dem konstruierten Graphen müssen zudem die Flusserhaltungsbedingung und die Kapazitätsbeschränkung, hier durch die Anzahl der verfügbaren Fahrzeuge vom jeweiligen Typ, eingehalten werden:

$$\sum_d \sum_{(t,j)} x_{tj}^d - \sum_d \sum_{(i,t)} x_{it}^d = 0 \quad \forall t \in T, d \in D$$

$$\sum_{(d,j)} x_{dj}^d \leq k^d \quad \forall d \in D$$

Dieses LP wurde im Jahr 2003 in Spandau zur Optimierung im ÖPNV eingesetzt. Insgesamt konnten dadurch 38 Busse (ca. 20 %) und 377 Stunden unproduktive Zeit eingespart werden.

Bemerkung 5:

Ob dadurch Arbeitsplätze verloren gingen ist nicht bekannt. Abschließend sei aber angemerkt, dass man sich aber im Klaren sein muss, dass Ausstellungen bzw. organisatorische Umstrukturierungen eine mögliche Konsequenz einer solchen Optimierung sein kann.

Literaturverzeichnis:

[AHU93]: Ahuja, Ravindra; Magnanti, Thomas; Orlin, James (1993): Network Flows

[BEU07]: Beutelspacher, Albrecht; Zschiegner, Marc-Alexander (2007): Diskrete Mathematik für Einsteiger

[GRÖ08]: Grötschel, Martin; Lucas, Klaus; Mehrmann, Volker (2008): Produktionsfaktor Mathematik

[Kur09]: Kurz, Sachsch; Rambau, Jörg (2009): Mathematische Grundlagen für Wirtschaftswissenschaftler

[LEDA]: http://www.leda-tutorial.org/de/offiziell/ch05s03s04.html

[MAR11]: Martin, Alexander (2011): Kombinatorische Optimierung

[MAR13]: Martin, Alexander (2013): Diskrete Optimierung

[PFE06]: Pfetsch, Marc (2006): Multicommodity Flows and Column Generation

[PFE12]: Pfetsch, Marc (2012): Optimierung in Transport und Verkehr

[RÜC13]: Rückel, Bastian (2013): Bachelorarbeit: Darstellung und Vergleich verschiedener Lösungsalgorithmen zur Optimierung eines Netzwerkproblems (eigene Bachelorarbeit)

[ÜBD13, Blatt 4]: Alexander Martin (2013): Übung Diskrete Optimierung, Blatt 4